公園の木はなぜ切られるのか

都市公園とPPP/PFI

尾林芳匡・中川勝之 著

自治体研究社

第 1 章

外苑の森が危ない

1 明治神宮外苑の森が危ない

　明治神宮外苑は、東京都新宿区霞ヶ丘町と港区北青山にまたがる緑地です。スポーツ・文化施設や緑地、公園などからなり、明治神宮が外苑のうち66.2％を保有し管理しています。略して神宮外苑と呼ばれることも多く、東京メトロ銀座線の駅名に「外苑前」があるように、単に「外苑」と略されることもあります。

　1920年代につくられ、戦後はGHQに接収されましたが、1952年に返還されました。明治神宮野球場、明治神宮外苑軟式グラウンド、秩父宮ラグビー場のほか、イチョウ並木など多くの樹木があります。

　1951年に東京都は風致地区に指定しました。これは、緑地を保全するためだったと言われています。イチョウ並木の道路用地は東京都に移管され、競技場は国立競技場として文部科学省に移管・改築されています。明治神宮外苑の多くの部分は明治神宮が管理しており、広く市民に開放されています。東京都心における貴重な緑が残されています。イチョウ並木は東京を代表する並木道として知られています。都民に愛される憩いのスペースとなっています。

　この外苑に再開発計画が持ち上がりました。再開発により、外苑の樹木の大量伐採につながるのではないかという批判の声があがっています。

2 外苑の森が大きく変わる再開発計画

　現在の再開発計画は、外苑の森が大きく姿を変えるものとなっています。

　隣接する伊藤忠商事の東京本社ビル建て替え、三井不動産による再

写真 1-1　外苑イチョウ並木（2024 年 4 月上旬）

出所：編集部撮影。

開発事業とセットで、スポーツ施設のドーム型スタジアムへの建て替え、オフィスビルやホテルとして利用する高層ビル 3 棟の建設などの計画です。事業者側の計画では、2024 年に着工予定、2036 年の完成を目指しています。

　総事業費は約 3 千数百億円になると言われています。

　28.4ha の敷地に、建物 6 棟、延べ 56 万 5000m^2 の施設を建設し、神宮球場と第 2 球場の敷地には、新しい秩父宮ラグビー場を整備するとともに、現在のラグビー場の跡地に新しい神宮球場を建設していくほか、オフィスビルなどの複合ビル棟、宿泊施設やスポーツ関連施設等の入居する複合ビル棟、公園支援施設や商業施設などの文化交流施設棟、事務所棟などを設置する計画です。

3 東京都が旗振り規制緩和

　オリンピック招致を契機として、都市計画法による都市計画を変更し、高層建築を可能にする規制緩和が行われました。2013年、東京都は国立競技場・外苑一帯を「再開発等促進区」に指定し、高さ制限は75メートルにまで緩和されました。再開発等促進区は、利用が進まない土地の規制を緩和して一体的に再開発するための制度であり、制度創設時の想定とはまったく異なる利用でした[1]。

　さらに、外苑一帯は法律で開発が規制される「都市計画公園」に指定されており、商業ビルの建設を可能にするには、公園の指定も外す必要がありました。そこで東京都は、外苑内にも商業ビルを建てられる特例制度として、「公園まちづくり制度」をつくり、一定の条件を満たした公園について、都が都市計画公園としての指定を解除できることとしました。民間事業者に公園の再開発を促すものでした[2]。

　これは、都庁の中の決裁だけで決まった、いわば都の内規です。まちづくりの基本方針については、本来は都議会で議論すべきものですが、まったく都議会での議論を経ていません。この制度を活用して外苑の再開発を進めていることは、長く秘密にされ、公になるのは、2018年に入ってからのことでした。

　東京都による規制緩和と並行して、外苑再開発計画も変更され、陸上競技の国際大会では必須とされるサブトラックは計画から消え、185メートルの超高層ビルが建設されることになっています。

　東京都が公園まちづくり制度を使って都市計画公園としての指定を一部解除した上で、周辺の土地の容積率を集めてきて特定の土地について高い容積率を許容する、容積移転という都市計画の手法によって、容積率は200％から900％にアップしました。

容積移転について、ビルを建てる三井不動産は、「新たな床を生み出すことで市街地再開発事業全体の事業費を賄い、（再開発を）経済的に成立させるため」と述べています[3]。まさに、公園の緑や景観よりもビルの床面積を増やして収益を拡大しようとするものといえます。再開発計画の当初は、「世界に誇れるスポーツ集積地をつくる」ことをうたっていましたが、今進んでいる計画では、再開発で外苑内に新たにできる施設の7割弱がオフィスや商業施設だという分析もあります[4]。

④　住民も議会も知らないまま進む計画

　こうした再開発計画は、近隣住民も知らないうちに、都議会や区議会で議論されることもないままで進められてきました。

　2019年4月、環境影響評価手続きで、開発事業者代表の三井不動産が周辺の町内会長らへの説明会を開きました。外苑近くの住民でさえ、高層ビルの建設計画があることを知ったのは、このときのことでした。その後、住民向けにも説明会が開かれますが、参加できるのは近隣の住民だけで、本人確認を受けないと入場させず、録音や録画も禁じられました。

　2021年12月、東京都は再開発のより詳しい内容を示した都市計画案を公表しました。都民から意見を募るパブリックコメントでは、集まった意見33件すべてが計画に「反対」というものでした[5]。

⑤　急速に広がった反対の声

　外苑の再開発計画が公表され、2022年2月9日の第236回東京都都市計画審議会では、外苑地区の地区計画・都市計画公園の削除の案件が原案通り可決され、2022年3月10日に東京都公報において告示さ

れました。しかしこうして計画が公に知られるようになると、急速に反対の声が広がりました。

(1) 住民の運動

　外苑地区の再開発計画について、約1千本の樹木の伐採に反対する署名運動が取り組まれ、8万1422人の署名が2022年6月2日に東京都に提出されました。この時点では、スポーツ施設や高層ビルを新設し、971本の樹木が伐採される予定であるとされています[6]。

　その後、この署名運動はさらに大きく広がり、賛同者は23万人になったとのことです[7]。

(2) イコモス

　2022年2月、文化財の保存提言を行うユネスコの諮問機関「イコモス」の国内委員会は、「国民の献費と献木、奉仕により創り出された、優れた文化的資産である神宮外苑の未来への継承についての提言」を発表しました[8]。次のような内容です。

　「①日本の近代を代表する、国民の貢献により創り出された『神宮外苑』は国際社会に誇る『公共性・公益性の高い文化的資産』であり、これを東京が破壊することなく、次世代へと、力強く継承していくべきです。

　②既にラグビー場や野球場として利用されている都市計画公園区域を廃止し、民間の超高層ビルを建設する本計画は、竣工までに10年を要するとされており、『公園まちづくり制度』を適用することは、『公園機能の早期実現を図る』という制度本来の主旨に反しており、貴重な公園的空間を長期かつ永続的に市民から奪うものです。計画を見直し、秩父宮ラグビー場は現地建て替えとする等により、神宮外苑の文化的な景観を守っていくべきです。

③東京都市計画公園（第5・6・18号明治公園）の3.4haにも及ぶ削除には、明確な理由が記載されておらず、高密な建築物の建設により広域避難拠点としての安全性、機能性が損なわれる結果となっています。また、当該地区は風致地区の中でも、特に重要なA地域であり、1000本にも及ぶ既存樹木の伐採は、『東京都風致地区条例』、及び『新宿区における東京都風致地区条例に基づく許可の審査等に関する基準』により厳しく制限されています。東京都におかれましては、広域避難拠点および風致地区としての、神宮外苑の意義と役割を真摯に受け止められ、法令を遵守すべきと提言いたします。」

(3) 都市計画審議会を経て環境影響評価で伐採本数を減らす

2022年2月の都市計画審議会では、東京都が高さ3メートル以上の892本が伐採の見通しであることを明らかにしました。結局この審議会で計画は承認されましたが、再開発計画への注目が急速に高まることになります。

その後の東京都の環境影響評価では、伐採される木の数が、892本から743本に減らされます[9]。東京都は2023年2月に再開発を認可しました。

(4) 著名人からも反対の声

2023年3月、着工が近いと言われるなかで、がん闘病中だった音楽家の坂本龍一が病床から小池百合子都知事に手紙で再開発見直しを訴えました。都知事は事業者に対して、「都民の理解や共感が得られていない」と丁寧な説明を行うよう要請をすることになりました。

その後も、作家の村上春樹ら著名人も次々に反対意見を表明し、再開発を見直すべきだとの声は大きくなっていきました。故人となった坂本龍一の思いを「受け止め」たとして、人気バンド「サザンオール

スターズ」のメンバー、桑田佳祐が外苑再開発を憂える曲を発表しています。

(5) 裁判の提起

　神宮外苑の再開発をめぐっては裁判も提起されています。計画の画像などは、訴訟のホームページで見ることができます[10]。

(6) 都議会にも議員連盟

　都議会でも活発な調査や質疑が行われるようになり、神宮外苑再開発の見直しを求める超党派の都議会議員連盟が発足し、国会議員でつくる議員連盟も連携した取組みをしています。事業者が進める明治神宮外苑の再開発は、高さ3メートル以上の樹木743本を伐採する計画で、住民グループなどが事前の説明が十分でないことや景観への影響などを懸念し、見直しを求めています。「再開発は環境破壊であり、日本の歴史・文化・伝統をきちんと守っていくために大事な時期なので力を合わせたい」などの議論がされています[11]。

(7) 遅れる伐採

　こうしたことを受けて、都知事は事業者に対し、樹木の伐採本数を減らすなど保全策を検討し、伐採開始前に報告することを求めました。

　伐採開始と言われていた2023年9月から、数か月を経過しても、まだ事業者から樹木の保全策は報告されておらず、伐採は遅れています[12]。

注
1　「解かれた封印　外苑再開発の真相」（『東京新聞』2024年1月29日～2月5日）、石川幹子「危機に瀕する外苑いちょう並木」（『世界』2024年3月）、ロッシェル・カップ「神宮外苑の再開発、日本人ではない私が懸念する理由…無視

できない疑念と横暴の数々」（「ダイヤモンド・オンライン」2024 年 4 月 4 日）https://diamond.jp/articles/-/341423、等参照。

2　東京都都市整備局「公園まちづくり制度について」参照。https://www.toshi seibi.metro.tokyo.lg.jp/kiban/kouen_2.htm

3　NHK 首都圏情報「神宮外苑再開発　なぜ再開発が必要？　なぜ"公園"に高層ビルが？　事業者の単独インタビュー」2024 年 4 月 5 日。https://www.nhk.or.jp/shutoken/wr/20240405a.html

4　前掲『東京新聞』2 月 3 日付。

5　前掲『東京新聞』2 月 4 日付。

6　『朝日新聞』2022 年 6 月 2 日付。

7　前掲『東京新聞』2 月 5 日付。

8　イコモス「国民の献費と献木、奉仕により創り出された、優れた文化的資産である神宮外苑の未来への継承についての提言」。https://icomosjapan.org/media/opinion20220426.pdf

9　前掲『東京新聞』2 月 5 日付。

10　神宮外苑訴訟 https://www.savejingugaien.com/

11　「NHK」2023 年 10 月 31 日 https://www3.nhk.or.jp/news/html/20231031/k10014243441000.html

12　「神宮外苑　遅れる樹木保全策」（『朝日新聞』2024 年 4 月 9 日付）。

第 2 章

全国で広がる公園 PPP/PFI の動きと概観

いま全国で、都市公園の木が切られる事態が広がっています。この章では、都市公園の現状と、民間事業者に管理をゆだねて木が切られるようになった仕組みを明らかにしていきます。

1 都市公園はいま

2022年度末の全国の都市公園等の整備量（ストック）をみてみましょう（**図2-1参照**）。

都市公園の数は、11万4707か所です。面積は、約13万531ha、1人当たりの都市公園等の面積は、約10.8m²/人です。

1人当たり都市公園等面積については、諸外国の都市と比較するとまだ低い水準にあります（**図2-2参照**）。

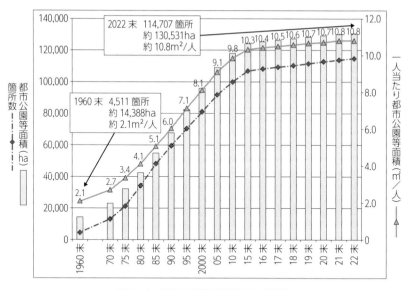

図2-1 都市公園等の現況および推移

出所：国土交通省「都市公園データベース」より作成。
　　　https://www.mlit.go.jp/toshi/park/content/01_R04.pdf

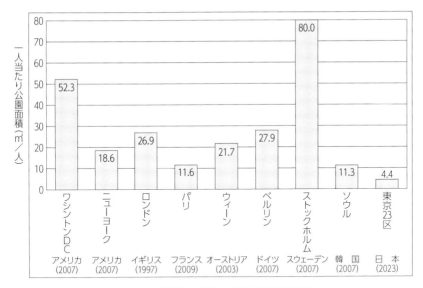

図 2-2　諸外国の都市における公園の現況

（※）東京 23 区は都市公園以外の公園を含んでいる。（　）は調査年である。
出所：同前。

2　都市公園法のあらまし

　都市公園は、都市公園法（1956 年制定）という法律に基づいて整備
されています。

　この法律は、都市公園の設置及び管理に関する基準等を定めて、都
市公園の健全な発達を図り、公共の福祉の増進に資することを目的と
しています（1 条）。

　「都市公園」とは、地方自治体や国が設ける公園や緑地であり、公園
内の施設を含むものです。自然公園法によるものは含みません（2 条）。

　地方自治体等の設置管理者以外の、たとえば民間事業者などが施設
を設けたり施設を管理したりすることは、条例等にしたがって申請書

を公園管理者に提出してその許可を受けなければなりません。許可を受けた事項を変更しようとするときも同様です（5条1項）。公園管理者は、自らが設置や管理することが不適当なとき、あるいは他の者に行わせた方が都市公園の機能の増進に資すると認められるときに、許可します（2項）。この許可の期間は、原則として10年以内です（3項）が、PFI（Private Finance Initiative）法によるときはさらに長く施設の設置や管理を許可することができます（4項）。

　公園管理者は、飲食店、売店その他の国土交通省令で定める公園施設について、許可の申請を行うことができる者を公募により決定することが、公平な選定や利用者の利便の向上に有効であると認められるもの（「公募対象公園施設」）について、公園施設の設置又は管理及び公募の実施に関する指針（「公募設置等指針」）を定めることができます（5条の2）。

③　公園PFI（Park-PFI）の導入のいきさつ

　2016年5月、国土交通省に設置された「新たな時代の都市マネジメントに対応した都市公園等のあり方検討会」が最終報告書として「新たなステージに向けた緑とオープンスペース政策の展開について」を公表しました[1]。

　最終報告書の「おわりに」に「人口減少や少子高齢化などの社会状況の変化を背景として、都市政策全体が転換点を迎えている中、緑とオープンスペース政策は如何なる役割を果たすべきか、多様化するニーズにどう応えるべきか等について、これまでの検討をもとに、とりまとめを行った」とあるように、都市政策から主として都市公園の政策を検討したものです。

　そして、高齢化、人口減少社会の到来をあげて都市政策全体が転換

20

点を迎えているとして、都市公園の政策は新たなステージへ移行していくべきとし、最終報告書は、都市公園の政策が重視すべき観点として以下の3つをあげています。

　①ストック効果をより高める

　②民との連携を加速する

　③都市公園を一層柔軟に使いこなす

　整備された社会資本が機能することによって得られる効果を「ストック効果」と呼び、国土交通省の「都市公園のストック効果向上に向けた手引き」は都市公園のストック効果として、防災性向上効果、環境維持・改善効果等9つの効果を紹介しています[2]。こうした効果は重要ですが、ではなぜ「②民との連携を加速する」「③都市公園を一層柔軟に使いこなす」を重視すべきことになるのか、つながりが不明です。

　その後の国土交通省の「都市公園法改正のポイント」に3つの重視すべき観点から何が導かれるのか紹介しており、分かりやすいです[3]。

　①　⇒公園管理者も資産運用を考える時代へ！（原文ママ）

　②　⇒民がつくる、民に任せる公園があってもいい！（原文ママ）

　③　⇒公園のポテンシャルを柔軟な発想で引き出す！（原文ママ）

　要するに、「都市公園も量から質（多機能性）だ、そのために民間開放と規制緩和だ」というように読めます。

　こうした考え方から、「公園PFI」（Park-PFI）が法制化されたといえます。

　その後、2022年10月、同じく国土交通省に設置された「都市公園の柔軟な管理運営のあり方に関する検討会」が提言を公表しました。その中でも、3つの変革が求められるとして、「都市アセットとしての利活用〜まちの資産とする〜」「画一からの脱却〜個性を活かす〜」「多様なステークホルダーの包摂〜共に育て共に創る〜」があげられていますが[4]、前記①ないし③と同趣旨といえるでしょう。

4 2017年都市公園法改正と「稼ぐ公園」

2017年、都市公園法改正は、「公募設置管理制度」（公園PFI［Park-PFI]）を可能にしました。

その説明として、民間のノウハウの活用や、少子高齢化で公園に遊びに来る子どもも減少し、地方自治体は財政難で整備・改修の負担が重いことなどがあげられます。

しかし実際のねらいは、民間事業者の収益の対象とすることにより、都市公園の整備改修管理等の費用をまかなおうとするものです。

実際に、事業者向けのシンポジウム等の案内には、「都市公園内の優良な事業機会をいかに獲得し、魅力ある投資を行なうか」等と記載されています[5]。

前述した国土交通省の「都市公園法改正のポイント」にも「民間のビジネスチャンスの拡大と都市公園の魅力向上を両立させる工夫を」等と記載されています。

この法改正に基づいて、「稼ぐ公園」が各地につくられつつあり、2022年度末時点で、公園PFI（Park-PFI）は131か所で活用されており、そのほか132か所において活用を検討中とされています[6]。

5 公募設置管理制度の特徴

「公募設置管理制度」（公園PFI［Park-PFI]）は、期間と建ぺい率の特例により、公園を長期間にわたり民間事業者の管理にまかせ、民間事業者が公園にカフェやレストランや売店などの収益施設を設置して収益をあげることができるようにするものです（図2-3・4・5参照）。PFI法に基づくPFI事業よりも簡便に実施することができます。

○都市公園において飲食店、売店等の公園施設（公募対象公園施設）の設置又は管理を行う民間事業者を、公募により選定する手続き

○事業者が設置する施設から得られる収益を公園整備に還元することを条件に、事業者には都市公園法の特例措置がインセンティブとして適用される

| 条件 | 園路、広場等の公園施設（特定公園施設）の整備を一体的に行うこと |

図2-3　公募設置管理制度の特徴

出所：国土交通省「公募設置管理制度（Park-PFI について）」
https://www.mlit.go.jp/sogoseisaku/kanminrenkei/content/001329492.pdf

	PFI	Park-PFI
根拠法	PFI 法	都市公園法
目的	民間資金等を活用した公共施設整備による低廉・良好なサービス提供	民間資金等を活用した公園利用者の利便の向上、公園管理者の財政負担の軽減
施設整備	公共負担（サービス購入型が多い）	独立採算（公募対象公園施設）公共還元＋公共負担（特定公園施設）
公共コスト削減	VFM（民間による効率的な整備によるコスト削減）※包括発注、性能発注等による民間の創意工夫	特定公園施設の整備による公共還元※民間事業者による公園の価値を上げるような取組を促進
事業主体	SPC を設立	民間事業者（SPC の設立は任意）

図2-4　PFI と Park-PFI の比較

出所：同前。

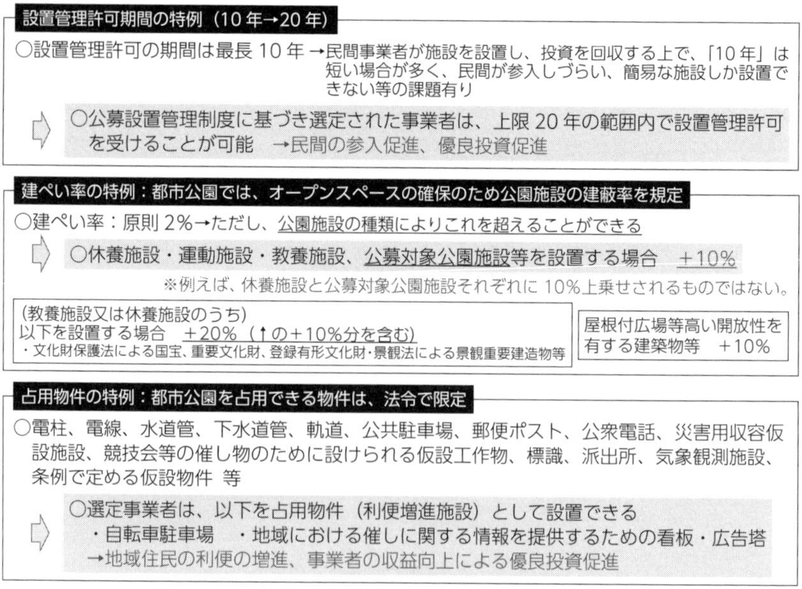

○設置管理許可の期間は最長 10 年→民間事業者が施設を設置し、投資を回収する上で、「10 年」は
短い場合が多く、民間が参入しづらい、簡易な施設しか設置で
きない等の課題有り

⇨ ○公募設置管理制度に基づき選定された事業者は、上限 20 年の範囲内で設置管理許可
を受けることが可能　→民間の参入促進、優良投資促進

建ぺい率の特例：都市公園では、オープンスペースの確保のため公園施設の建蔽率を規定

○建ぺい率：原則 2 %→ただし、公園施設の種類によりこれを超えることができる

⇨ ○休養施設・運動施設・教養施設、公募対象公園施設等を設置する場合　＋10 %
※例えば、休養施設と公募対象公園施設それぞれに 10 %上乗せされるものではない。

（教養施設又は休養施設のうち）
以下を設置する場合　＋20 %（↑の＋10 %分を含む）
・文化財保護法による国宝、重要文化財、登録有形文化財・景観法による景観重要建造物等

屋根付広場等高い開放性を
有する建築物等　＋10 %

占用物件の特例：都市公園を占用できる物件は、法令で限定

○電柱、電線、水道管、下水道管、軌道、公共駐車場、郵便ポスト、公衆電話、災害用収容仮
設施設、競技会等の催し物のために設けられる仮設工作物、標識、派出所、気象観測施設、
条例で定める仮設物件　等

⇨ ○選定事業者は、以下を占用物件（利便増進施設）として設置できる
　・自転車駐車場　・地域における催しに関する情報を提供するための看板・広告塔
　→地域住民の利便の増進、事業者の収益向上による優良投資促進

図 2-5　期間と建ぺい率の特例

出所：同前。

6　都市公園リノベーション協定制度

　2020 年の都市再生特別措置法改正によって、都市公園リノベーショ
ン協定制度も創設されました。

　公園 PFI（Park-PFI）とこの協定制度の特例は同じですが、前者が
いわば公園単体、後者が公園を含む地域を対象としていて、事業主体
と選定手続が異なり、また、後者はまちなかウォーカブル区域（滞在
快適性等向上区域）内において適用されるという点で限定的です（**図
2-6 参照**）。

　現時点では、「こすぎコアパーク」（川崎市）、「尼崎駅前中央公園」
（兵庫県尼崎市）の事例しかありませんが、大規模な公園では今後活用

される可能性があります。

7 公園 PFI（Park-PFI）の問題点

　都市公園は、公共の福祉の増進のためのものです（都市公園法 1 条）。公園には、レクリエーションの場や心身のストレスの解消、環境や景観の保全、災害時の防災拠点など、大切な役割があります。

　もともと公園については、PPP（Public Private Partnership、官民連携）として、公の施設の指定管理者制度などが導入される例も多くありました。新しく法制化された公園 PFI を導入すると、20 年間など長い期間にわたり、公園施設の管理を民間事業者にまかせます。これにより地方自治体は、毎年の樹木の剪定の経費などがはぶけます。

　しかし、民間事業者は、利益を増やすために活動するものです。そして公園を管理することとなった民間事業者は、経費を減らし、収益を増やそうとします。経費を減らすためには、毎年の剪定ではなく樹木そのものを根元から切ってしまうことがしばしば起きます。樹木を根元から伐採してしまえば毎年の剪定の経費が省けるからです。収益を増やすためには、人の集まる都市公園にカフェやコンビニを増やすことです。人が集まる場所にこうした施設を設ければ収益を増やすことができるでしょう。このように公園 PFI は、一方では維持管理の経費の節減のために、他方では収益施設を増やすために、公園の木は切られることにならざるを得ません。

　いま全国の公園で木が切られる事態が広がっているのは、このような仕組みによるものです。

　地方自治体が、住民の良好な生活環境や防災拠点としての緑豊かな都市公園を守ろうとするのではなく、目先の経費削減や民間事業者への収益の場の提供を政策としてしまえば、地方自治体が都市公園の緑

	P-PFI	都市公園リノベーション協定制度
制度趣旨	都市公園の整備への多様な民間主体の参画を促進を通じて都市公園の魅力向上	まちづくりと一体となった都市公園の整備を促進し、「居心地が良く歩きたくなるまちなか」の形成を促進
実施主体	公募により選定	一体型事業実施主体等
実施フローの概略（アミは法定、白は運用）	マーケットサウンディング 公募設置等指針の策定 （都市公園法第5条の2） ※実施主体を公募 公募設置等計画の提出 （都市公園法第5条の3） 公募設置等計画の認定 （都市公園法第5条の5） ※実施主体を選定 （学識経験者にも意見聴取） 設置等予定者の選定 （都市公園法第5条の4） 基本協定等の締結 設置管理許可の付与 （都市公園法第5条の7及び第5条第1項）	マーケットサウンディング 都市再生整備計画の案の公告・縦覧 （都再生法第46条第15項） ※案の段階で実施主体を特定、内容は概要レベル 意見書の提出 （都再法第46条第16項） 意見書の審査 （都再法第46条第21項） ※案の実施主体で良いかどうか判断 都市再生整備計画の策定 （都再法第46条第14項第2号ロ(1)〜(4)） 公園施設設置管理協定の締結 （都市再生特別措置法第62条の3） ※公募設置等計画と同等の内容を規定 設置管理許可の付与 （都再法第62条の5第2項）
特 例	①設置管理許可期間の特例 （10年→20年） ②建ぺい率の特例 （2%→12%） ③占用物件の特例 （自転車駐車場、看板、広告塔の設置を可能に）	①設置管理許可期間の特例 （10年→20年） ②建ぺい率の特例 （2%→12%） ③占用物件の特例 （自転車駐車場、看板、広告塔の設置を可能に）

図2-6　都市公園リノベーション協定制度

出所：国土交通省「まちづくりと一体となった都市公園のリノベーション促進のためのガイドライン」より作成。https://www.mlit.go.jp/toshi/park/content/001367112.pdf

を守ることは難しくなっていってしまうでしょう。

　もともと都市部では、住民1人あたりの公園面積は不足しがちです。一部の企業のお金もうけのために、さらに樹木を伐採して、収益を上げるための建物が増やされれば、緑はさらに不足します。

　いま全国で、公園の樹木の伐採に対して、環境を守ろうとする住民運動が起きています。身近な環境を守る住民運動とともに、政府が進めている緑をこわす「公園PFI」の政策の問題を、考えていく必要があるのではないでしょうか。

注

1　「新たなステージに向けた緑とオープンスペース政策の展開について」新たな時代の都市マネジメントに対応した都市公園等のあり方検討会最終報告書、2016年5月、国土交通省都市局公園緑地景観課。https://www.mlit.go.jp/common/001152250.pdf

2　「都市公園のストック効果向上に向けた手引き」2016年5月、国土交通省都市局公園緑地景観課。https://www.mlit.go.jp/common/001135262.pdf

3　「都市公園法改正のポイント」国土交通省都市局公園緑地景観課。https://www.mlit.go.jp/common/001248733.pdf

4　「都市公園新時代〜公園が活きる、人がつながる、まちが変わる〜」都市公園の柔軟な管理運営のあり方に関する検討会提言、2022年10月、国土交通省都市局公園緑地景観課。https://www.mlit.go.jp/toshi/park/content/001519828.pdf

5　「Park-PFI事業研究シンポジウム」。https://www.sogo-unicom.co.jp/pbs/seminar/2021/0508.html

6　「都市公園における官民連携の推進」2024年2月2日、PPP／PFI推進施策説明会、国土交通省都市局公園緑地景観課。https://www.mlit.go.jp/sogoseisaku/kanminrenkei/content/001721075.pdf

第3章

PPP/PFI とは

地方自治体の公共施設については、しばしば PPP/PFI と言われる、民営化が進められてきました。この章では、PPP/PFI とはどういうものなのかについて解説していきます。

1　PPP/PFI とは

　PPP とは、「官民連携」のことです。行政と民間が連携して公園の維持管理や運営などを行うことを広くさします。PPP は「Public Private Partnership」の略称で、行政（Public）と民間（Private）が、連携（Partnership）するものと説明されます。

　PPP はさまざまな法律を用いた官民連携の総称です。特定の法律はなく、しばしば民法の「請負契約」（民法 632 条）や「委任契約」（民法 643 条）が登場します。「公の施設の指定管理者」制度（地方自治法 244 条の 2 以下）も用いられます。

　PFI は、「Private Finance Initiative」の略称です。民間の資金やノウハウにより公共施設建設などを行う法律が 1999 年に制定され、施設、道路や鉄道・水道等の大規模な建設事業を企画から建設・運用まで民間にゆだねるものです。「PFI 法」と呼ばれますが、正式な法律の名称は「民間資金等の活用による公共施設等の整備等の促進に関する法律」といいます。

　ただし、本書で問題になっている「公園 PFI」（Park-PFI）は、この PFI 法に基づくものではなく、都市公園法 5 条の 2 によるものである、などと説明されることがありますので、注意が必要です。

　PPP は、いわば行政の仕事を民間にまかせる方式の総称であり、PFI はその中でももっとも契約によって地方自治体の拘束される度合いが大きく、したがって民間事業者にとっての収益も多額が見込める形態として、特別な立法がされているものです。

「公園 PFI」（Park-PFI）も、公園を 20 年もの長期間にわたり民間事業者の管理にゆだねてしまうもので、地方自治体と住民にとって重大なことです。より期間の短い公の施設の指定管理者制度についても議会の議決が必要とされるのですから、「公園 PFI」（Park-PFI）についても当然議会の十分な審議と議決が必要であると考えるべきです。

② PPP/PFI が進められてきた背景

　「PPP/PFI」が広がってきたのは、1990 年代から広がった「新自由主義」や「小さな政府」「参入規制の緩和」という考え方によるものです。政府や地方自治体が担当する公共サービスを民間事業者の仕事としていくこと、あるいは行政が保有する土地を民間事業者の収益のために提供していくことを通して、民間事業者の商機を拡大することが、政府の諮問会議などを通じて強く要請され、多数の法律が制定され、補助金の体系もこのような考え方で再編されてきました[1]。

③ 自治体民営化を進める制度とその特徴

　地方自治体の公共サービスを民間事業者にまかせる方法は、業務委託契約の方式でかねてありましたが、「PPP/PFI」を推進する政策の中で広げられてきました[2]。

(1) 立法の経過
　1999 年以降の新しい法制度は表 3 − 1 のようにつくられてきました。新規立法だけでなく、多数回にわたり、法改正が行われて、民間事業者が使いやすくされてきています。
　これらの制度の相互関係を簡単にまとめると、図 3 − 1 のようになり

表3-1　民営化にかかわる法の動き

1999 年	PFI 法
2002 年	構造改革特別区域法
2003 年	公の施設の指定管理者（地方自治法改正）　地方独立行政法人法
2006 年	市場化テスト法
2009 年	公共サービス基本法　野田市公契約条例
2011 年	東日本大震災　総合特別区域法　PFI 法改正
2013 年	国家戦略特別区域法　PFI 法改正
2015 年	PFI 法改正
2017 年	地方独立行政法人法改正
2018 年	PFI 法改正　水道法改正
2022 年	PFI 法改正

出所：著者作成。

地方自治体	地方独立行政法人	営利企業	NPO
法人格	別法人	会　社	NPO 法人
事　業	移　行	（規制緩和・特区）	
施設建設		PFI	
施設所有	出　資	（PFI）	
施設管理		指定管理者	
職　員	移　行	非正規・派遣等	ボランテイア

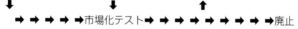

➡ ➡ ➡ ➡ ➡市場化テスト➡ ➡ ➡ ➡ ➡ ➡ ➡ ➡ ➡廃止

図3-1　制度相互の関係

出所：著者作成。

ます。

　左端が、憲法や地方自治法の想定する本来の地方自治体の姿です。都道府県や市区町村という法人格を持ち、事業を営み、施設を建設・所有・管理し、職員を任用します。営利企業にまかされた姿は2列右にあり、営利企業である株式会社が登場し、分野ごとの規制緩和や地域ごとの「特区」という制度で民間事業者の参入を進めます。施設の建設や所有を営利企業にまかせる制度がPFIで、施設の管理を営利企

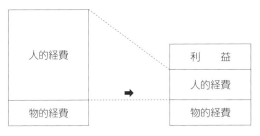

図 3‐2　経済的な特徴

出所：著者作成。

業にまかせるのが公の施設の指定管理者制度です。公共サービスの担い手はしばしば非正規・派遣に置き換えられます。地方独立行政法人は中間形態です。右端にNPOやボランティアがあり、公共サービスを、最低賃金をはるかに下回る手当でゆだねています。下の枠外の「市場化テスト」は官民の競争入札手続きです。地方自治体の側の情報は人件費もすべて情報公開されているのに対して、民間企業の側は、「企業秘密」として人件費などは公開しないため、多くの場合民間に仕事が移ります。

　PPP/PFIなどの自治体民営化には、共通する経済的な特徴があります。それを表現するのが**図3‐2**です。

　左側が行政の担当する場合で、「物的経費」と「人的経費」だけです。利益配当も役員報酬も不要です。右側が民営化されたときで、全体の経費が小さくなり、「物的経費」はほとんど変わらず、「利益」や役員報酬の確保が必要になります。その結果、人的経費は3分の1程度に圧縮されます。

　わが国における地方自治体の公共サービスの民営化の経済的な特徴は、現場の担い手を非正規・派遣に置き換えることにより、民間事業者が利益を確保するというものです。

4 PPP/PFI の問題点

　PPP は、定義もあいまいで、統計的に正確には把握されていません。PFI は、内閣府が情報を整理しています[3]。実際の PFI では、担当する民間事業者に長期間にわたる莫大な収益をもたらす一方で、さまざまな問題が起きています。

　たとえば、PFI による財政の節約効果を、「VFM」（Value For Money）などの用語を用いて、細かい数値計算をし、いくら経費が節減できる、などと議論されますが、前提とする数値は根拠が乏しく、一定期間ごとの財政効果の検証もほとんど行われていません。国の会計検査院も、PFI に多くの契約不履行や、コスト削減の効果が検証されていない事例のあることを指摘しています[4]。

　公園を含む公共施設について、質が高くてかつ経費も安い、ということはありません。経費を削減しようとすれば質は下がりますし、質を維持しようとすると、経費は容易に減りません。これまでに PFI で発生した問題として、次のようなものがあります。公園についても、このような問題が発生するおそれがあります。

(1) 事故と損失の分担が問題となる

　PFI では、設計・仕様・管理を民間事業者にゆだねているため、ひとたび事故や損失が発生すると、その分担が問題となり、結局は民間事業者の取組みの結果であっても、地方自治体は責任を免れないのが一般です。

　仙台市の「スポパーク松森」は、ゴミの焼却熱を利用した温水プールですが、開館 1 か月の 2005 年 8 月に起きた宮城県沖地震で、曲面にデザインされた天井が崩落し、泳いでいた多数の住民が重症を負う事

故が発生し、市の賠償責任が問題となり、最終的には仙台市が賠償を負担することになっています。北九州市のひびきコンテナターミナルでは、担当する民間事業者が経営破たんし、市が40億円を負担して買い取っています。

公園PFI（Park-PFI）で民間事業者に管理をゆだねた公園の施設に不具合があって利用者に事故が発生したような場合に、地方自治体の賠償責任は必ず問題になるでしょう。

(2) 乏しい経費節減効果

民間事業者は収益をあげるために参入するため、地方自治体の負担する費用の削減は必ずしも実現しません。高知県・高知市の高知医療センターの建設・運営では、民間事業者は、民間なら予算単年度主義のしばりがなく材料費を安くできると主張して落札しましたが、経営改善の効果はあがらず、契約解除となりました。滋賀県近江八幡市立総合医療センターでも2009年3月にPFI事業の契約が解約されました。滋賀県野洲市立野洲小学校・野洲幼稚園の増改築と清掃など施設の維持管理のPFIでも、委託契約を解除したところ、経費は年間約5億円節約と伝えられます。

公園PFI（Park-PFI）でも、公園の基本的な設備は地方自治体の負担で整備することが多く、災害などで壊れた場合など、管理をまかせた民間事業者ではなく、結局行政の責任と負担で再建しなければならなくなるでしょう。

(3) 事業者と行政との癒着

特定の民間事業者が長期間にわたり膨大な利益を得るため、事業者と行政との癒着が問題となります。北海道岩見沢市では、生涯学習センターの整備事業の建設維持管理を担当するPFI事業者の関係者が、

落札に先立ち、市長に対して5年間にわたり多額の政治献金をしていたことが発覚し、公正さが疑われています。高知県・高知市の病院PFIでも、元病院長がPFIを担当する民間事業者の関係者から賄賂を受け取る刑事事件が起きています。

公園PFI（Park-PFI）でも、どの民間事業者がどのような契約条件で公園の管理を担当することになるのかは、必ずしも明確な基準があるわけではありません。癒着や政治献金など公正さを疑われる事態はきわめて起きやすいといえるでしょう。

⑷ 住民や職員や議会の立場の後退

20年間など長期間にわたり公共施設の管理や運営を民間事業者にまかせれば、情報も住民や議会に対しては開示されなくなり、住民や議会は資料に基づく適正な判断ができなくなります。各地で民間事業者の経費の内訳を、住民が情報公開請求したり、地方議員が資料要求をしたりしても、民間事業者のノウハウであるとして、開示されない事例が相次いでいます。

公園PFI（Park-PFI）でも、地方自治体の主人公である住民の声や、住民代表である地方議会での意見はとどきにくくなり、公園の運営は、民間事業者の収益や採算が優先されることになるでしょう。各地の公園の管理を民間にゆだねる問題で、住民参加の議論はあまり行われていません。これは、そもそも都市公園を利用する住民の願いから出発するものではなく、住民が議論に参加したら特定の民間事業者の収益にゆだねることにはならないであろうということが見えているからではないでしょうか。

5　PFIの動向とくりかえされる法改正

　PFIの問題点も広く指摘されるようになっていますが、経済界と政府はくりかえし法改正をして、あくまでPFIの増加をはかる政策を続けています。

　2011年の法改正では、対象施設の拡大、「コンセッション」方式の導入などが盛り込まれました。

　2013年の法改正では、「民間資金等活用事業推進機構」がつくられ、「株式会社民間資金等活用事業推進機構支援基準」にしたがいPFIへの資金援助が盛り込まれました。①運営権の活用、②附帯収益事業（ア合築型、イ併設型）、③公的不動産の有効活用などが支援対象です。さすがに「PFI推進　安易な道に流れるな」という指摘もされました[5]。

　2015年の法改正では、公務員の退職派遣制度などが整えられました。PFIを優先的に検討せよという指針も出されています[6]。

　2018年の法改正では、自治体と民間事業者に一元的に助言できるしくみをつくり、公の施設の指定管理者としての手続き規制の省略を認め、財政支援の時限措置がとられました。

　2022年の法改正では、契約期間途中での変更を柔軟に認め、民間資金等活用資金推進機構の活動を延長して資金援助を継続することが盛り込まれました。

6　スタジアム・アリーナ改革

　PFIにより都市公園の緑を犠牲にする施策として、スタジアム・アリーナ改革の動きにも注意が必要です。社会教育施設としての体育館等が老朽化して建替えが必要となった機会などに、大規模なアリーナ

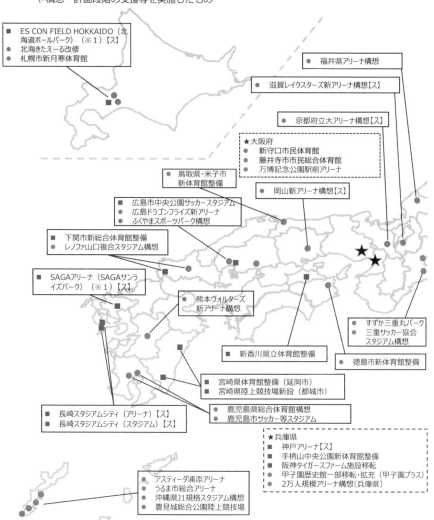

■ : 設計・建設段階 （25件）
● : 構想・計画段階 （63件） （うち、「※1」と後ろに付く施設は近日開業予定）
【ス】: スポーツ庁において、スタジアム・アリーナ改革におけるモデル施設の選定
や構想・計画段階の支援等を実施したもの

■ ES CON FIELD HOKKAIDO （北海道ボールパーク）（※1）【ス】
● 北海きたえーる改修
● 札幌市新月寒体育館

● 福井県アリーナ構想

● 滋賀レイクスターズ新アリーナ構想【ス】

● 京都府立大アリーナ構想【ス】

★大阪府
● 新守口市民体育館
● 藤井寺市市民総合体育館
● 万博記念公園駅前アリーナ

● 鳥取県・米子市 新体育館整備

● 岡山新アリーナ構想【ス】

■ 広島市中央公園サッカースタジアム
● 広島ドラゴンフライズ新アリーナ
● ふくやまスポーツパーク構想

■ 下関市新総合体育館整備
● レノファ山口複合スタジアム構想

■ SAGAアリーナ（SAGAサンライズパーク）（※1）【ス】

● 熊本ヴォルターズ 新アリーナ構想

● すずか三重丸パーク
● 三重サッカー協会 スタジアム構想

■ 新香川県立体育館整備

● 徳島市新体育館整備

■ 宮崎県体育館整備（延岡市）
■ 宮崎県陸上競技場新設（都城市）

■ 長崎スタジアムシティ（アリーナ）【ス】
■ 長崎スタジアムシティ（スタジアム）【ス】

● 鹿児島県総合体育館構想
● 鹿児島市サッカー等スタジアム

★兵庫県
■ 神戸アリーナ【ス】
■ 手柄山中央公園新体育館整備
■ 阪神タイガースファーム施設移転
■ 甲子園歴史館一部移転・拡充（甲子園プラス）
■ 2万人規模アリーナ構想〔兵庫県〕

● アスティーダ浦添アリーナ
● うるま市総合アリーナ
● 沖縄県J1規格スタジアム構想
● 豊見城総合公園陸上競技場

図3-3 スタジアム・アリーナの新設・建替構想と先進事例形成の現状 （2023年2月時点）

38

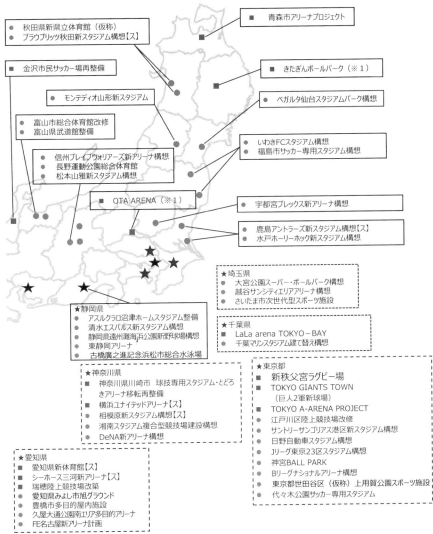

秋田県新県立体育館（仮称）
ブラウブリッツ秋田新スタジアム構想【ス】

青森市アリーナプロジェクト

金沢市民サッカー場再整備

きたぎんボールパーク（※1）

モンテディオ山形新スタジアム

ベガルタ仙台スタジアムパーク構想

富山市総合体育館改修
富山県武道館整備

いわきFCスタジアム構想
福島市サッカー専用スタジアム構想

信州ブレイブウォリアーズ新アリーナ構想
長野運動公園総合体育館
松本山雅新スタジアム構想

OTA ARENA（※1）

宇都宮ブレックス新アリーナ構想

鹿島アントラーズ新スタジアム構想【ス】
水戸ホーリーホック新スタジアム構想

★埼玉県
大宮公園スーパー・ボールパーク構想
越谷サンシティエリアアリーナ構想
さいたま市次世代型スポーツ施設

★静岡県
アスルクラロ沼津ホームスタジアム整備
清水エスパルス新スタジアム構想
静岡県遠州灘海浜公園新野球場構想
東静岡アリーナ
古橋廣之進記念浜松市総合水泳場

★千葉県
LaLa arena TOKYO－BAY
千葉マリンスタジアム建て替え構想

★神奈川県
神奈川県川崎市 球技専用スタジアム・とどろきアリーナ移転再整備
横浜ユナイテッドアリーナ【ス】
相模原新スタジアム構想【ス】
湘南スタジアム複合型競技場建設構想
DeNA新アリーナ構想

★東京都
新秩父宮ラグビー場
TOKYO GIANTS TOWN
　（巨人2軍新球場）
TOKYO A-ARENA PROJECT
江戸川区陸上競技場改修
サントリーサンゴリアス港区新スタジアム構想
日野自動車スタジアム構想
Jリーグ東京23区スタジアム構想
神宮BALL PARK
Bリーグナショナルアリーナ構想
東京都世田谷区（仮称）上用賀公園スポーツ施設
代々木公園サッカー専用スタジアム

★愛知県
愛知県新体育館【ス】
シーホース三河新アリーナ【ス】
瑞穂陸上競技場改築
愛知県みよし市旭グラウンド
豊橋市多目的屋内施設
久屋大通公園南エリア多目的アリーナ
FE名古屋新アリーナ計画

※各種報道資料等を基にDBJ（日本政策投資銀行）が作成した資料に、スポーツ庁が把握した情報を追加
※開業したものを除く

出所：スポーツ庁。https://www.mext.go.jp/sports/b_menu/sports/mcatetop02/list/detail/1411943_00003.htm

を整備して、プロスポーツや芸能人などのイベントで集客をし、にぎわいをつくるなどの政策が推進されています。大型アリーナの建設をするなら、補助を手厚くしようとするものです[7]。

しかし、大規模なアリーナの需要がどれほどあるか疑問ですし、イベントが優先されて住民の日常の体育の利用がかえって制限されるおそれもあります。そして、建設用地として公園があてられれば、住民が緑にふれることのできる憩いの場が減らされることになります。大規模なアリーナは、維持費や修繕費など、後々まで地方自治体の財政上の負担となるおそれもあります。

住民の生活のために利用されてきた体育施設に代わり大型アリーナを建設することについては、住民が参加して時間をかけて慎重な議論をすることが必要でしょう。

7　会計検査院 PFI 報告書

2021 年 5 月、会計検査院が国の PFI 事業に始めてメスを入れ、報告書を公表しました[8]。これによると、2002〜2018 年度までに 11 府省等で 76 事業（サービス購入型 65 事業、独立採算型 11 事業）の PFI 事業を実施してきましたが、いくつかの PFI 事業で、選定時期の金利情勢が割引率に十分に反映されておらず、高めに設定されていた結果として、VFM（PFI による経費節約効果）が過大に算定されていて、サービス購入型の PFI 事業で同種の債務不履行が繰り返し発生しているものがありました。独立採算型の PFI 事業で担当事業者の財務状況が悪化しているものや、公共施設を十分に利用できない状態が継続しているものがあった、などを指摘しました。

民間事業者の収益拡大策に過ぎない PFI は、とかく美化されがちでしたが、国の会計検査院が、経費節減効果が疑問である、サービス低

下（約束違反）がある、と指摘したことは、大きな注目を集めました。

8 PFI の見直しや中止の動き

愛知県西尾市では、公共施設全体の PFI 事業が進められていましたが、2017 年の市長選・市議選で慎重派が当選、多数派となり、PFI 契約を見直し、ついに契約解除となっています[9]。

茨城県石岡市では、複合文化施設をめぐり、市議会の特別委員会が調査費の予算案を否決する事態となっています[10]。

香川県観音寺市では、新学校給食センターの債務負担行為を臨時議会が否決しています[11]。

富山県は、PFI の導入を検討していましたが、県立武道館についてPFI を断念しました[12]。

このように、住民運動と選挙で PFI 契約を解除した例もありますし、会計検査院の報告書を受けてさらに PFI 契約に慎重な議会や庁内での議論が広がっているといえます。

公園 PFI（Park-PFI）についても、慎重な上にも慎重な議論が必要です。

注
1　経済界が主導して PPP/PFI を推進してきた経過は、2001 年以降の「経済財政諮問会議」の記録などにみられる。
2　それぞれの法制度の解説の詳細は、尾林芳匡『自治体民営化のゆくえ―公共サービスの変質と再生―』（自治体研究社、2020 年）を参照。
3　内閣府「PFI 事業の実施状況について」（2022 年度）。https://www8.cao.go.jp/pfi/pfi_jouhou/pfi_joukyou/pdf/jigyoukensuu_kr4.pdf
4　会計検査院「国が実施する PFI 事業について」（2021 年 5 月 14 日）。https://www.jbaudit.go.jp/pr/kensa/result/3/r030514.html

5 「PFI 推進　安易な道に流れるな」(『朝日新聞』2014 年 3 月 25 日社説)。

6 民間資金等活用事業推進会議「多様な PPP/PFI 手法導入を優先的に検討する
ための指針」(2015 年 12 月 15 日)。

7 スポーツ庁「スタジアム・アリーナ改革」。https://www.mext.go.jp/sports/
b_menu/sports/mcatetop02/list/1384234.htm

8 前掲注 4。

9 『中日新聞』2021 年 9 月 30 日付。

10 『茨城新聞』2022 年 9 月 15 日付。

11 『四国新聞』2022 年 10 月 12 日付。

12 「武道館 PFI 導入『困難』」(『北日本新聞』2023 年 6 月 16 日付)。

第 4 章

公園をめぐる全国の事例

1 大阪市・「木を切る改革」と「稼ぐ公園」

　大阪市は公園の木を切るだけでなく、街路樹の木を切る施策も進めています。

　大阪市は、1964年4月22日、「大阪をうるおいのある健康な町にするために、ここに強力な緑化運動を開始する。この運動は全市民の変わることのない願いとして今後百年間これを継続する」という緑化百年宣言を行いました。市街化が早く進行し緑が少なかったため、緑の量的拡充が中心的に図られてきたといえます。

　こうしたなか、大阪市による「公園樹・街路樹の安全対策事業」では、2018年度から2024年度にかけて樹木1万9000本を伐採する計画が進行し、維新の「身を切る改革」になぞらえて「木を切る改革」と批判されています[1]。

　しかし、「①伐採の基準があいまい　②樹木医の鑑定では健全とされた樹木が多数ある　③住民説明会を開催せず、市民の声を聞き入れない　④市が掲げるSDGsに反する等、問題点がいくつも」あるとされ、「大阪市の街路樹撤去を考える会」等が事業の見直しを求めています[2]。

　大阪市は、事業概要は公表するものの、どこの木を伐採するかは明らかにしませんでしたが、2023年2月、ホームページに撤去場所を示すようになりました[3]。

　「大阪市の街路樹撤去を考える会」は、2024年3月、開催中の大阪市議会に安全対策事業や通常維持管理における樹木伐採に関して一層の情報公開を求める陳情を出す等、取り組みを広げています[4]。

　ここでも「質も高くてかつ経費も安い」ということにはなりません。

　大阪市によると、公園樹と街路樹の維持管理費は2012年度以降、約9億5000万円ほどで大きく変わらない一方、人件費の上昇や物価の

写真 4 - 1 - 1　伐採されたクスノキ
注：公園入口にあったクスノキが伐採され、残された切り株。
　　大阪市中央区（2023 年 2 月）
出所：毎日新聞社提供。

高騰により、剪定可能本数は 2012 年度の約 12 万 6000 本から 2022 年度は約 5 万 1000 本と半分以下になったとのことです[5]。質的維持、さらには拡充を図ろうとするのであれば、予算を確保する以外に方法はありません。同じ「木」でいえば、関西万博で設けられるリング型の木造建築物「大屋根」の建設予定費は約 350 億円といわれており[6]、お金の使い道が間違っているのではないでしょうか。緑化百年宣言の原点に立った政策が求められます。

　一方、大阪市の「てんしば」は、Park-PFI 以前の設置管理許可制度を利用しながら事業協定に基づいて 2015 年 10 月に開業しました。事業者は、「てんしば」からも見える高層ビル「あべのハルカス」と同じ近鉄不動産で、事業期間は 20 年です。事業者はテナントからテナント料を取り、他方で公園の維持管理等をしながら、大阪市に公園使用料を支払います。

　芝生広場を取り囲むように 24 時間営業のコンビニを含め、店舗・施設が立ち並びます。「公園内に店が多くあるので、園内で自己完結している」といった近くの商店街店主の声も紹介されています[7]。

　「市民の声」でも、日常利用・近隣住民への影響として、「イベントに伴う騒音が大きい」（2015 年度）、「なぜ営利目的の店舗を増やすのか」（2016 年度）といった意見が寄せられ、2018 年度の事業評価では

写真 4−1−2　エントランスエリア「てんしば」（2023 年 10 月）
出所：中川勝之撮影。

「商業空間に偏る傾向が見られるため、事業計画を点検すること」「公園全体の質の維持向上に努めること」という意見（要約）が評価委員からなされています[8]。

注

1　「維新の足元で進む『木を切る改革』　1 万本伐採計画に住民猛反発」（『毎日新聞』大阪デジタル、2023 年 2 月 12 日）。https://mainichi.jp/articles/20230209/k00/00m/040/247000c

2　「オンライン署名のチラシ、微修正版を作りました」（大阪市の街路樹撤去を考える会、2023 年 10 月 25 日）。https://note.com/osaka_tree/n/ncfa6b59bd888

3　大阪市ホームページ「公園樹・街路樹の安全対策事業を実施します」。https://www.city.osaka.lg.jp/kensetsu/page/0000539946.html

4　「安全対策事業や通常維持管理における樹木伐採に関して一層の情報公開を求める陳情を出しました（2024 年 3 月）」（大阪市の街路樹撤去を考える会、2024 年 3 月 17 日）。https://note.com/osaka_tree/n/n1e0a46174a7b

5 「街・公園の木を続々切り倒す大阪市　調査で『剪定』のケヤキも、なぜ」（『朝日新聞デジタル』2024年1月3日）。https://www.asahi.com/articles/ASRDX61NMRDTPLBJ004.html

6 「大阪万博『大屋根』の建設現場報道公開　大林組など担当」（『日本経済新聞』2023年11月27日）。https://www.nikkei.com/article/DGXZQOUF22AXC0S3A121C2000000/

7 「天王寺公園周辺の光景一変　カラオケ屋台も今は昔　芝生公園『てんしば』家族連れでにぎわい　ホームレスからは不満の声も」（『産経WEST』2016年8月24日）。https://www.sankei.com/article/20160824-V4AOV3DBFJLKFAPKUVMJGJFUFM/

8 「大公園における民活事業の振り返りと今後の魅力向上について」（大阪市「第6回みどりのまちづくり審議会」2022年2月8日開催）。https://www.city.osaka.lg.jp/kensetsu/cmsfiles/contents/0000349/349937/6-houkoku1.pdf

② さいたま市・与野中央公園

埼玉県さいたま市中央区の与野中央公園内に、収容人数5000人規模のアリーナ施設を建設する計画があります。

2022年5月、次世代型スポーツ施設を建設するとして、12月に「（仮称）次世代型スポーツ施設基本計画（案）」を決定しました。2023年3月には地元説明会が2回開催され、5月に基本計画が公表されました。5000人規模のアリーナは、バスケットボールのBリーグの試合など、プロスポーツ興行への利用を想定しています。

もともとは、市民のスポーツへの利用が中心だった与野体育館が老朽化し、その建て替えが求められていたところです。この市民の利用を中心とする与野体育館の機能は、大規模アリーナとともにサブアリーナも整備して、そちらが引き継ぐという計画です。

PFI制度（BTO方式）[1]で実施することを想定しており、概算事業費は約52億円であるとされています。

写真 4-2　アリーナ建設反対の看板・のぼり（2024 年 4 月中旬）
出所：編集部撮影。

　計画を知った地元住民が「市民不在の新アリーナ計画に反対するさ
いたま市民の会」を結成して、反対運動を展開しています。

　この計画は、決め方も知らせ方も問題が多く、計画はすでに示され
ていましたが、本格的に市民に知らせたのは、2023 年になってからで
あるということです。

　この公園は、静かな住宅街にあります。かつて農業を営む住民など
が、公園を整備するために旧与野市に土地を売却したいきさつがあり、
いきなりコンクリートの施設を造ることに驚き、できる限り緑を残し
たいとの声もあります。

　地元の子どもたちの遊ぶ場所となっており、子どもの遊び場が減少
することへの懸念も示されています。

　大規模イベントが開催されることになれば、駐車場を整備して多数
の自動車が殺到することになり、交通渋滞が心配されるとの声も出て
います。

現時点で52億円とされている事業費についても、多額に過ぎ、赤字となるおそれも大きく、このような大型公共事業ではなく子どもたちのために使ってほしい、との声もあります。

　2023年6月から反対署名を始め、すでに1800筆以上を市に提出しているとのことです[2]。

　さいたま市は、依然として計画通りの施設を整備する姿勢を変えていません[3・4]。

注

1　BTO（Build Transfer and Operate）方式＝民間事業者が施設を建設して、施設完成直後に行政に所有権を移転し、民間事業者が維持管理及び運営を行う方式。

2　「さいたまに新アリーナ…『市民の声聞いていない』『説明不十分』反対署名1800筆超に　市民団体が中間報告会」（『埼玉新聞デジタル』2023年8月9日）。

3　「公園に5千人規模アリーナ建設計画　さいたま市、住民が賛否を対話」（『朝日新聞デジタル』2024年4月17日）。

4　「新たなハコモノ行政か⁉　全国で進んでいるアリーナ建設計画とは？」（BS-TBS『噂の東京マガジン「噂の現場」』2024年4月21日放送）。

③　京都府・北山エリア

　2020年、京都府は老朽化した京都府立大学の体育館を、座席数1万人規模のアリーナに建て替える計画を地域の整備計画の中で示しました。京都府内には大規模な屋内スポーツ施設「アリーナ」が少なく、観客席が5000席を超える体育館が1つしかなく、国際的なスポーツ大会やイベントなどの誘致が難しいとされていました。

　ところがこの計画は、多くの反対の声が上がり、署名運動などが取り組まれました。イベントによる収益が優先されて、大学の学生の学

業に必要な静謐な環境がおびやかされるおそれがありました。

　隣接する京都府立植物園は、開業100年近いわが国でも最古の公立植物園として広大な敷地に1万種以上の植物が展示されていて、アリーナなど北山エリアの再開発により木を切り、縮小される計画がありました。植物園は災害時の拠点としても、重要視されていました。アリーナ事業が負債を生んで地方自治体と住民にツケが回されるおそれもありました。

　こうした反対の声を受けて京都府は、アリーナ整備の場所を、京都府向日市にある向日町競輪場の敷地内とすることもあわせて検討するようになりました。2024年3月14日、定例府議会の予算特別委員会で、ついに府知事が北山エリアへのアリーナ整備を断念し、向日市に整備することを表明しました[1]。

注
1　「西脇知事　向日町競輪場の敷地内に『アリーナ』整備の方針」（「NHK京都NEWS WEB」2024年3月14日）。

4　東京都・日比谷公園

　東京都の日比谷公園には、「再生整備計画」があります。これは大量の樹木を伐採し、隣接するビルとつなぐ構想です。これは、日比谷公園に入るために、幅員の広い道路を横断しなければならず、また柵で囲まれているため、公園に入りにくいとし、公園と銀座の市街地をつなぐデッキを2か所つくる計画です。しかし、デッキの建設は、緑豊かな景観を大きく変えることになります。樹木への影響も避けられません。

　東京都が公表している計画では、緑の保全を強調する表現が並んで

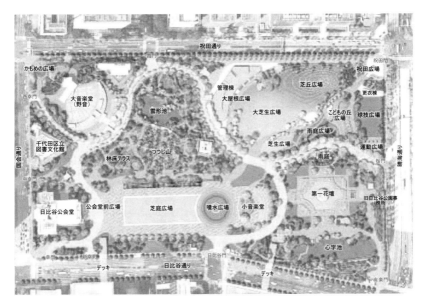

図 4 - 4　日比谷公園の将来イメージ

注：開園 130 周年を迎える 2033 年の日比谷公園の姿。

出所：「都立日比谷公園再整備計画」東京都建築局公園緑地部、2021 年 7 月より作成。
　　　https://www.kensetsu.metro.tokyo.lg.jp/content/000059135.pdf

いますが、関係する図面でも、樹木が伐採されて緑が減らされること
がうかがえます[1]。

　日比谷公園には、野外音楽堂があります。「日比谷公園大音楽堂」は、
1923 年に、日本最初の大規模野外音楽堂として開設されました。数々
の有名アーティストがライブを行うなど、「野音」として親しまれてき
ました。市民団体などの集会の会場としても、しばしば使われている
ところです。

　東京都は、日比谷公園の再整備を進めるにあたり、老朽化を理由とし
て日比谷野音の施設を建て替える方針です。2023 年には、野外音楽堂
施設の工事や建て替え後の管理運営を行う民間事業者を公募しました。

　ところが、野外音楽堂の建て替えなどの再整備について、民間事業

者からの応募がありませんでした。人件費や資材費などの諸経費が高騰しており、都の示す予算では担当する民間事業者に収益の確保が難しいと考えられたためです。

　このため、日比谷野音の建て替えは、東京都自身が直営で、設計や施工などを発注して実施することになりました。これに伴って、2024年9月末までとしていた施設の使用期間は1年ほど延長され、再整備のあとの施設の使用開始時期も、予定していた2028年4月からさらに遅れる見込みです[2]。

注
1　東京都建設局公園緑地部「都立日比谷公園再生整備計画」(2021年3月)。
　　https://www.kensetsu.metro.tokyo.lg.jp/content/000059135.pdf
2　「NHK首都圏ニュース」2024年1月25日。

5　静岡市・城北公園

　静岡駅の近くに、城北公園があります。城北公園は、かつて静岡大学のあったところで、噴水や図書館があり、周辺には山もあります。近隣の住民の憩いの場となっている、身近な公園です。

　この城北公園に、2020年12月、Park-PFIを導入し、カフェ(「スターバックス」)を作り、駐車場も73台増設するという計画が持ち上がりました。この計画は、市民が参加して話し合う機会のないまま決められました。近隣には別に駐車場もあり、公園に新たな駐車場を広く増設することは、必要性も疑問があります。徒歩で利用する子どもや高齢者にとっては、交通の危険が増すおそれもあります。

　静岡市には、「静岡市市民参画の推進に関する条例」があります。これは市民の市政に参画する権利を保障するものです。たとえば、大規

模な公の施設の設置についての基本的な計画の策定や変更を行うときには、市民参画手続による市民意見の聴取を行わなければならないと規定されています。城北公園の Park-PFI は、事業計画立案の段階において、市民参画手続が一切行われていませんでした。

　こうした問題点は市議会でも指摘されました。静岡市民の有志が、公園のあり方を大きく変更する事業であり、多額の事業費を要するのに、市民参画手続をとらないことは違法であると主張して、住民監査請求をしました。この手続は、市民の大きな注目を集めました。

　住民監査請求に対して市は、市の負担額の上限額が 3000 万円の事業であるなどと主張しました。結局静岡市監査委員も市の主張を認めてしまいました。

　しかし、市民が参画しないままで計画を立てた城北公園の Park-PFI は、市民世論の批判をあびることとなり、ついにスターバックスは撤退を表明することになりました。

　住民は住民訴訟を提起し、基本協定の後の実施協定の締結の差止めを求める訴訟が係属しています。Park-PFI の事業の進行は止まっています[1]。

注
1　『中日新聞』（2022 年 3 月 9 日付）、『静岡新聞』（2022 年 5 月 21 日付）。

6　長野県須坂市・臥竜公園

　長野県須坂市に臥竜公園があります。桜の名所であり、動物園もあります。臥龍公園は、多くの市民のいこいの場であり、動植物について学べる場でもあります。須坂市にとっては、国内外から人が集まる最大の観光資源でもあります。

利用者の減少傾向や施設の老朽化による改修費用の確保などが課題であると指摘され、2019 年度に「須坂市臥竜公園エリアの官民連携リノベーションによる活性化事業」の導入可能性調査を行いました。

　政府は PPP/PFI の導入を推進するために、国土交通省が調査委託費を助成していました（補助率 10/10）。須坂市は調査費についてこの補助事業を利用しました。

　この調査のテーマは、動物園のリニューアルと臥竜公園の魅力向上のために官民連携リノベーションによる活性化事業により賑わいの創出ができないか、という点です。内容は、①県市の連携や所管の連携によるエリア価値の向上、②官民連携を推進する人材の育成、③動物園のリニューアルと臥竜公園の魅力の向上、というものでした。調査では、サウンディングという、民間事業者に収益の対象とできるかについて意見を聴くことも行われました。

　その結果、①県市の連携や所管の連携によるエリアの価値向上については協議を進めることになりました。②官民連携事業を進める人材育成にもつながったとのことです。③動物園のリニューアルや臥竜公園の魅力向上については、PFI 方式では事業者が参画するに値する収益性や採算性が取れないという結果でした。それでも利用料金制の指定管理者制度など民間事業者への委託が望ましい、との結論でした[1]。

　これに対し市民から、須坂市としての基本的な構想もないまま民間に丸投げされるのではないかとの不安の声が出て、「市民のための臥竜公園を考える会」の活動がはじまり、集会の開催などをしています。

注
1　須坂市「臥竜公園でのトライアル・サウンディングの試みについて」（2020 年
　9 月 28 日）。https://www.mlit.go.jp/sogoseisaku/kanminrenkei/content/00136
　4773.pdf

7 兵庫県・県立明石公園

　兵庫県明石市の県立明石公園の中で、数年かけて約1000本以上の樹木が伐採されていて、切り株が目立つようになり、問題となりました。この公園は、築城400年の明石城跡です。明石城跡は、国の重要文化財で、石垣の上に立派な櫓が佇んでいます。2018年にはまだ、櫓の周囲を覆うように緑が広がっていました。ところが2022年3月には、櫓の周囲にあった樹木のほとんどが伐採されてしまい、短期間に大きく景観も変わりました。

　こうした樹木の伐採は、明石城築城400年を前に兵庫県が策定した計画でした。県は、成長した木の根が石垣の間に入り込むなどして崩れる可能性があるとして「石垣から5m範囲内の樹木は原則伐採」という方針をとり、景観を保つために「眺望を妨げていた木も伐採する」として、2018年から千数百本を伐採しました[1]。

　これに疑問を持つ市民運動がはじまり、明石市市民らの2万筆を超える署名を集めるなどして伐採の中止を訴えました。石垣から5m以内の木を全部切るという方針は根拠がなく、ひとつずつ検証して、どうしても危険であるという場合にだけ伐採すればよい、木は木だけで生きているものではなく、鳥や虫の生態を大きく変えてしまうとのことです。

　2022年1月には、明石市長も兵庫県庁に乗り込み、「切りすぎだ」「漫然とこれ以上樹木伐採を続けることは多くの市民・県民の理解を得られない」と訴えました。明石市長は、県宛てに要望書も提出しました[2]。

　こうした市民の反対の声を受けて、2022年春には兵庫県知事も公園内を視察し、ついに樹木伐採の中断を表明しました。そして県は、こ

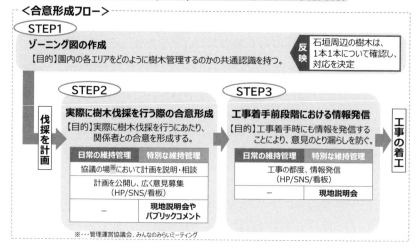

■樹木管理に係る合意形成フロー
　○樹木管理に当たっては、下記フローに基づき合意形成を図る。
　○伐採を行う場合には、ゾーニング図(STEP1)を踏まえた上で、STEP2〜3の手続きをとる。

図4-7　明石公園の樹木管理の基本スタンス

出所：明石公園における考え方「自然環境保全」（案）、2023 年 12 月より作成。
https://web.pref.hyogo.lg.jp/ks24/documents/01_shiryou2-1_aks14.pdf

の公園の将来像について話し合う「県立都市公園のあり方検討会」明
石公園部会（検討会）を設置し、2023 年 12 月までに計 14 回話し合い
をしました。この場には、行政や専門家や市民が参加をして検討を重
ねました。

　公園は、自然を保存するものであり、また史跡としての意義もあり、
身近でスポーツをできる施設としての面もあります。この検討会では、
公園内を、石垣や競技場周辺の「施設」のあるゾーン、自然豊かな「み
どり」を残すゾーン、未利用のゾーンなどに分けて、みどりを残すゾー
ンについては自然環境の保全を優先するなど、公園の管理のあり方
についての共通認識をつくることに努力しました。

　その上で、県は短期間の大規模な伐採だけではなく、枯れ木の伐採

や間伐として必要な日常の管理としての伐採についても、市民の参加により協議をした上で、3か月程度前から情報を発信するルールを設けました。明石城の石垣の周辺には市民の愛着が深い樹木もあるため、一本一本について確認するといいます。

こうした県の方針については、樹木伐採に反対の声を上げた市民団体からも、市民が意見を言える場が設けられたことを歓迎する声があがっています。公園は本来、主権者である住民のものです。住民が公園に関心を持って声を上げることが大切です。公園の多様な役割について、行政や学識経験者や市民などが幅広く参加して合意を形成していく努力は、評価できるものでしょう。

ただ、検討会では、城跡を魅力的に見せるための樹木管理のあり方や活性化のための方策について、民間活用も議論するとのことです。住民が参加して公園の管理のあり方を議論していく上で、民間事業者が収益をあげる目的で参加することは、必要なのか疑問です。今後のゆくえが注目されます[3,4]。

注
1　「『切りすぎでは？』城跡がある公園で1600本以上の樹木を相次いで伐採」（「MBSNEWS」2022年3月22日）。https://www.mbs.jp/news/feature/hunman/article/2022/03/088196.shtml
2　「明石公園樹木伐採問題で市長が県に要望書提出」（「サンテレビニュース」）。https://www.youtube.com/watch?v=aHjtxBgjs2w
3　「『樹木切り過ぎ』批判の明石公園、これからは伐採前に情報発信・説明会　市民の声を取り入れ」（『神戸新聞NEXT』2023年4月14日）。
4　兵庫県「県立都市公園のあり方検討会（明石公園部会）」参照。https://web.pref.hyogo.lg.jp/ks24/04arikata_akashi.html

あとがき

尾林芳匡

　これまで、地方自治体の行政サービスを民営化する新しい諸制度をとりあげて批判してきました。公立保育園、学校給食、図書館、公立病院などは早くから、それぞれの分野で住民や職員が共同して公的責任をまもり、充実させる運動が取り組まれてきました。

　今世紀初頭ころから法制化された、PFI、公の施設の指定管理者制度、地方独立行政法人などは、分野をまたぐ制度として、それぞれの分野に取り組む方たちにとっては、少しわかりにくいものでした。こうした法制度の問題点について、各地の住民や職員のみなさんとご一緒に考えてきました。最近は、水道の民営化や、学校施設の PPP/PFI など、一定の分野の民営化について、共著を出す機会にもめぐまれました。

　この数年とくに、公有地の再開発や都市公園をめぐる問題について検討する機会が増えました。

　都市公園については、いわゆる公園 PFI（Park-PFI）も法制化され、PPP/PFI の諸制度の活用により民間事業者に管理をゆだねる事例が急激に増えています。民間事業者が公園の管理による収益を拡大しようとすれば、毎年の剪定の経費を減らすために樹木を伐採しようとするでしょうし、施設を建てて収入を増やすためにも樹木を伐採しようとするでしょう。

　公園の木が切られることを進める政策について、多くの方に知っていただき、このような政策の転換につながることを願って、本書をま

とめました。

　中川勝之弁護士とは、自由法曹団の構造改革プロジェクトチームで、時々のこうした問題をとりあげて、議論してきました。最近のシンポジウムで、数年にわたる議論や各地の実例をまとめて、「公園の木はなぜ切られるのか」というタイトルの報告を中川弁護士にしていただく機会がありました。本書は、この報告をもとにまとめたものです。

　神宮外苑の森をはじめ、各地で公園の木を切ろうとする動きについては、地元の住民のみなさんなどが関心を寄せて声をあげており、また各地のメディアも報道してきています。本書はそうした取組みの成果に負っています。公園の問題に取り組み、情報を発信し、また報道してきたみなさんに、あらためて心からの感謝を申し上げ、また敬意を表します。

　都市公園の民営化に関する法制についての批判や各地の実例がまとめられた文献はまだあまり多くありません。本書が、各地で公園の豊かな緑をまもろうとされているみなさんにとって、「公園の木を切る」政策の背景について考える契機となれば幸いです。

　また、本書は類書が乏しいもとでの新しい試みであり、法制や各地の実例の理解についても、不十分な点が多々あると思います。それでもこの時期に本書を世に問うことに意味があると考えて出版した趣旨をご理解いただき、忌憚のないご意見をお寄せくださいますと幸いです。各地の実例についても、どうぞ自治体問題研究所にお寄せください。

　2024 年 5 月 6 日

[著者紹介]

尾林芳匡（おばやし よしまさ）

八王子合同法律事務所弁護士

主な著作

『自治体民営化のゆくえ—公共サービスの変質と再生—』自治体研究社、2020年、
『水道の民営化・広域化を考える［第3版］』（共編著）自治体研究社、2020年、
『行政サービスのインソーシング—「産業化」の日本と「社会正義」のイギリス
—』（共著）自治体研究社、2021年、『学校統廃合と公共施設の複合化・民営化
—PPP/PFIの実情—』（共著）自治体研究社、2024年、など。

中川勝之（なかがわ かつゆき）

東京法律事務所弁護士

主な著作

『なくそう！ ワーキングプア—労働・生活相談マニュアル—』（共著）学習の
友社、2009年。

公園の木はなぜ切られるのか
—都市公園とPPP/PFI—

2024年5月31日　初版第1刷発行

著　者　尾林芳匡・中川勝之

発行者　長平　弘

発行所　株式会社 自治体研究社
〒162-8512 東京都新宿区矢来町123 矢来ビル4F
TEL：03・3235・5941／FAX：03・3235・5933
http://www.jichiken.jp/
E-Mail：info@jichiken.jp

ISBN978-4-88037-766-7 C0036

印刷・製本：モリモト印刷株式会社
DTP：赤塚　修

自治体研究社

自治体民営化のゆくえ
──公共サービスの変質と再生

尾林芳匡著　　定価 1430 円

自治体民営化はどこに向かっていくのか。役所の窓口業務、図書館をはじめ公共施設の実態、そして医療、水道、保育の現状をつぶさに検証。

学校統廃合と公共施設の複合化・民営化
──PPP/PFI の実情

山本由美・尾林芳匡著　　定価 1100 円

教育的視点や民意を置き去りにした学校統廃合と公共施設の複合化・再編が PPP/PFI の手法で進む。「地域の未来」の観点から問題点を指摘。

行政サービスのインソーシング
──「産業化」の日本と「社会正義」のイギリス

榊原秀訓・大田直史・庄村勇人・尾林芳匡著　　定価 1760 円

日本では公的サービスのアウトソーシング、民営化、産業化が唯一の選択肢とされるが、それは正しいのか。日英比較を通して多角的に考察。

水道の民営化・広域化を考える ［第 3 版］

尾林芳匡・渡辺卓也編著　　定価 1870 円

全県一元化の広域水道を開始した香川県、民営化を推進する宮城県の現状等を追う。全国的な値上げ傾向を捉えて「水道料金の考え方」収録。

公共サービスの産業化と地方自治
──「Society 5.0」戦略下の自治体・地域経済

岡田知弘著　　定価 1430 円

公共サービスから住民の個人情報まで、公共領域で市場化が強行されている。変質する自治体政策や地域経済に自治サイドから対抗軸を示す。